PROJET

DE LA SEULE NAVIGATION

NATURELLE ET COMMERCIALE

QUI EXISTEROIT EN EUROPE,

ET JOINDROIT LE *RHIN* A LA *SEINE* JUSQU'A PARIS,

SOUS LA DÉNOMINATION DE:

NAVIGATION BONAPARTE,

Et d'un Port devant servir de *gare* à tous les Bâtimens employés à cette Navigation et à celle de la *Seine*, dans les tems de glaces, ainsi que d'un nouveau Quartier de Commerce à Paris, attenant au Port.

PAR MARCEL PRAULT-SAINT-GERMAIN.

Opus artificem probat.

SE TROUVE A PARIS,

Chez DESENNE, Libraire, Palais du Tribunat, galerie de pierre, côté de la rue de la Loi.

De l'Imprimerie de Nicolas (Vaucluse) et Boutonet, rue Neuve-Saint-Augustin, N°. 583.

AN XII. — 1804.

LE S. MARCEL PRAULT-SAINT-GERMAIN,

A SA MAJESTÉ IMPÉRIALE

NAPOLÉON,

EMPEREUR DES FRANÇAIS.

SIRE,

C'est ordinairement à la personne que l'on révère le plus qu'on est jaloux de dédier son Ouvrage: je ne puis donc mieux en offrir l'hommage qu'à vous seul; car qui plus que Vous, peut en sentir toute l'importance sous tous ses rapports.

Daignez donc, SIRE, agréer mon Projet et mes Plans, dont j'ai déjà eu l'honneur de Vous présenter les Dessins, Vous priant de mettre cette vaste Entreprise, digne de vous, sous la sauve-garde de votre loyauté, dans la crainte que la jalousie et l'envie ne la fassent envisager au premier apperçu, comme un beau rêve impraticable, si je ne vous répondais, sur ma tête, de la réalité et facilité de son exécution en six années.

Ce sera aux yeux de toute la Terre, lui donner, SIRE, la palme de l'immortalité, et y fixer le plus haut prix auquel puisse prétendre

MARCEL PRAULT-SAINT-GERMAIN.

PROJET

DE LA SEULE NAVIGATION

NATURELLE ET COMMERCIALE

QUI EXISTERAIT EN EUROPE,

ET JOINDRAIT LE *RHIN* A LA *SEINE* JUSQU'A PARIS,

SOUS LA DÉNOMINATION DE

NAVIGATION BONAPARTE.

Ex industria copia.

Le sieur Marcel Prault Saint-Germain, Auteur du projet de la seule Navigation naturelle et commerciale, qui existerait en Europe, en joignant le Rhin à la Seine, n'essayera pas par de longs détails de démontrer les avantages nombreux qui dériveront naturellement d'une communication facile entre tous les lieux d'un grand Etat: ils sont trop connus, pour avoir besoin d'être retracés au chef d'un Gouvernement éclairé, tel que celui sous lequel nous vivons. — La Navigation proposée, qui n'est véritablement qu'une communication entre les différentes rivières qui se trouvent dans la direction de Paris à Strasbourg, et pour laquelle il n'y aura que deux lieues un quart au plus en cinq petits intervalles, sans eau de canaux artificiels à ouvrir, pour opérer toutes les jonctions, quoique grande dans son ensemble, paraît présenter plus de difficultés dans son exécution, qu'il n'en existe réellement. L'Auteur a conçu même tous les moyens de vaincre celles inséparables d'un aussi vaste plan ; ils sont tels, qu'il ne doute pas que l'examen le plus approfondi qu'il en demande, ne prouve jusqu'au dernier degré d'évidence, la possibilité de réussite qui n'a pas paru douteuse aux yeux des gens célèbres de l'art, auxquels il a soumis son projet et ses plans ; c'est d'après leurs avis et sa juste confiance dans leurs lumières, dans leurs talens, qu'il s'est déterminé à mettre au jour un projet aussi vaste qu'utile à son pays (1). Le moment de la paix lui avait paru d'autant plus favorable, que le chef du Gouvernement n'avait rien négligé pour faire oublier à la France, dix années de guerre et les malheurs qui en ont été inséparables, par le rétablissement du commerce et des arts.

---

(1) Ceux que le travail et les dépenses de ce projet ne rebuteront pas, peuvent faire eux-mêmes les reconnaissances, vérifier et redresser les parties difficultueuses indiquées par l'Auteur, dont ils trouveront ici le plan méthodique de sa navigation, d'après les nivellemens qu'il en a

L'Auteur est forcé de dire, d'après les justes notions de M. de Bilistein, que, dans un grand empire tel que la France, composé d'un nombre infini de vastes départemens, dont le sol est abondant en tous genres de productions et denrées, il est très-important d'employer les moyens de distribution intérieures et extérieures de leurs produits, pour les importations et exportations, en les mettant en communications promptes, faciles, sûres et peu dispendieuses les uns avec les autres, comme ne devant former qu'une seule et même famille qui a intérêt de réaliser ses avantages physiques, politiques, militaires et commerciaux, par le moyen d'une navigation intérieure de tous les points de l'empire, pour qu'ils correspondent tous l'un à l'autre et au centre.

«La Navigation naturelle et commerciale du Rhin à la Seine, depuis Offendorff et Strasbourg sur le Rhin, jusqu'au Hâvre et Dieppe sur l'Océan britannique, d'une part, et du Rhin joignant le Danube, l'Elbe et l'Oder, communiquant par ses jonctions à presque toutes les mers, d'autre part, tient essentiellement au grand commerce, à la marine, aux colonies, et doit être envisagé sous tous ses points de vue capitaux.

Les mers ne donnent pas seules la Navigation; les fleuves, les rivières, les ruisseaux, les lacs et étangs en ont une qui leur est naturelle et qui leur devient propre par le travail, en approfondissant et étendant leur lit dans des endroits, en les resserrant dans d'autres, enfin, en les joignant les uns aux autres, pour établir une communication successive des extrémités au centre.

Peu de départemens peuvent se passer activement et passivement de leurs voisins : l'importance est donc de leur procurer les moyens de se servir mutuellement.

La France, aujourd'hui entourée par l'Océan, la Méditérannée et le fleuve du Rhin, traversée par quatre grands fleuves : le Rhône, la Seine, la Loire et la Garonne, ainsi que par un nombre infini de rivières et ruisseaux, a déjà, par ses distributions intérieures ainsi que par ses importations et exportations, plusieurs canaux exécutés avec une dépense et un art qui le disputent à tous les ouvrages Grecs et Romains.

Plus le cours d'une Navigation est étendu dans un état, et plus les parties du corps de cet état sont liées et disposées à s'entraider et s'enrichir mutuellement. Si la nature, comme il arrive toujours, n'a pas fait pour les

---

faits et dont le cour, et les sinuosités ne prennent d'autre route que celle de la nature, du terrein qu'il présente pour y travailler, dans les plaines, dans les vallons, dans les montagnes, dans les foudrières, dans les rochers, dans les forêts, dans les rivières, dans les ruisseaux, dans les marais et dans les étangs, pour en rémuer la terre jusques dans ses entrailles, et l'on trouvera au-delà de toutes espérances les résultats heureux qu'il annonce.

Que l'on envoye sur les lieux des gens experts dans les mathématiques, l'hydraulique et les nivellemens, le graphomètre, le compas, l'équerre, la toise, le jalon à la main, afin de vérifier les points indiqués; lorsqu'ils mettront le premier instrument dans la terre et qu'ils enlèveront la première motte, les eaux couleront comme d'elle-mêmes pour tous les usages auxquels on voudra les asservir.

hommes tout ce qu'il y avait de plus avantageux à faire, c'est à eux d'achever.

Les Chinois, qui ont une étendue de pays immense, ont bien fait voir, sur la foi des voyageurs, en fait de canaux et de navigation, jusqu'où peut aller l'industrie humaine.

Les Hollandais nos voisins, nous prouvent aussi la même chose. L'avantage de la Navigation et des canaux est très-anciennement connu, car les premiers habitans de la terre ont travaillé à rompre les isthmes et à couper les terres pour établir entre les contrées une communication par eau (1).

La Navigation naturelle et commerciale du Rhin à la Seine, que propose le S.ʳ Prault-Saint-Germain, pourrait peut-être surpasser tous les ouvrages de ce genre, déjà exécutés tant anciennement que de nos jours, et même tous ceux qui existent dans ce moment, non-seulement par sa facile exécution, mais encore par ses ramifications infinies, ainsi que par sa grande extension, d'après ses jonctions et son immense utilité sous tous les rapports possibles.

Des rivières, ruisseaux et étangs à rendre navigables en tous temps; de petits canaux de jonctions d'iceux pour former une grande navigation; tel est le résumé de cette entreprise importante, qui ne peut être que la source assurée du bonheur public, par les communications promptes, faciles, sûres et économiques de toutes espèces de marchandises, productions et denrées de première nécessité, tant naturelles qu'étrangères, qu'elle procurerait à des prix proportionnés aux moyens, non-seulement du consommateur aisé, mais encore de la classe la plus indigente, sans compter de l'immensité d'autres avantages qui pourraient résulter d'une entreprise de cette nature.

Les forêts de l'Alsace, des Vosges et de la Lorraine, sont assujéties à des

______

(1) Hérodote rapporte que les Cnidiens, peuple de Carie, dans l'Asie mineure, entreprirent de couper l'isthme qui joint la presqu'île de Carie à la terre ferme, mais qu'ils en furent détournés par un oracle.

Plusieurs rois d'Egypte ont tâché de joindre la Mer rouge à la Méditérannée. Sésostris, et selon d'autres, Psammerichus, fut le premier, qui forma le dessein de faire un canal de communication de la Mer rouge à la Méditérannée, dont l'ouvrage fut commencé. Néchäs, successeur du dernier, y employa des sommes immenses et un grand nombre de troupes; mais il abandonna cet ouvrage qui fut recommencé par Darius, fils d'Hislape; mais ce prince le quitta aussi. Cléopatre eut le même dessein. Soliman II, empereur des Turcs, y employa 50,000 hommes qui y travaillèrent en effet; enfin, il fut achevé sous les Ptolémée, qui, par le moyen des éclises, tenaient le canal ouvert ou fermé selon leurs besoins. Ce canal avait 100 coudées de largeur et de profondeur, autant qu'il en faut pour porter les plus grands vaisseaux, et de longueur, plus de 1,000 stades, c'est-à-dire, plus de 50 lieues. Cet ouvrage, qui était d'une si grande utilité pour le commerce, est presqu'entièrement comblé, et à peine en reste-t-il quelques vestiges.

Les Grecs et les Romains projetèrent un canal à travers l'isthme de Corinthe, qui joint la Morée à l'Achaie, afin de passer ainsi de la mer Yonienne dans l'Archipel; le roi *Démétrius*, *Jules César*, *Calligula* et *Néron* y firent des efforts inutiles.

Sous le règne de ce dernier empereur, *Lucius Verus*, un des généraux de l'armée Romaine dans les Gaules, entreprit de joindre la Saône à la Moselle par un canal, et de faire communiquer la Médtérannée à la mer d'Allemagne par le Rhône, la Saône, la Moselle et le Rhin, ce qu'il ne put exécuter.

Charlemagne forma le dessein de joindre le Rhin et le Danube, afin d'établir une communication entre l'Océan et la Mer noire, par un canal de la rivière d'Olmutz qui se décharge dans le Danube, à celle de Reditz, qui se rend dans le Mein, lequel va tomber dans le Rhin à Mayence. Il y fit travailler une multitude innombrable d'ouvriers, mais différens obstacles qui se succédèrent les uns aux autres, le forcèrent d'abandonner ce projet.

gênes et entraves, sous prétexte que les bois peuvent servir à la marine, sans qu'on eu ait encore coupé un seul arbre pour cet usage depuis la réunion de la France à ces provinces, qui n'en pourrait même faire aucun usage aujourd'hui, par le défaut de canaux pour les exporter.

Il est de deux choses l'une : ces bois peuvent servir à la marine, et on veut s'en servir ou non; dans le premier cas, il faut donc faire tout ce que la nature et la situation des lieux peuvent permettre au génie et à l'art ; dans le deuxième cas, si l'on ne veut pas faire usage de ces bois, et s'ils ne sont pas de qualité propre à la marine, l'on ne peut pas moins faire que de lever les gênes et entraves apportées à leur exploitation et administration, sous un prétexte qui manque d'existence phisique, et qui n'en a pas politiquement, puisqu'on ne prend aucune des mesures convenables pour travailler à les réaliser.

On a envoyé en différens temps des ingénieurs géographes, pour lever les cartes et plans de la forêt de Eitche, ainsi que d'autres de ces contrées, lesquelles sont achevées depuis longtemps. En 1756, on a encore envoyé dans ces contrées un commissaire de la marine pour faire des reconnaissances, examiner les propriétés et forces de ces bois, ainsi que leurs qualités, quantités et moyens économiques pour les exploiter, travailler et les faire arriver dans nos chantiers et ports : quels ont été les rapports qui reviennent toujours à mon dilême victorieux ? Ces bois sont de qualité propre à la marine ou non, mais il n'y a d'autres moyens de les employer qu'en exécutant mon système de Navigation du Rhin à la Seine.

On prétend qu'un vaisseau du premier rang employe 4000 chênes, sans compter une quantité prodigieuse d'autres bois, ainsi que plus de 500 milliers de fers et plus de 130 à 140 mille journées d'ouvriers, ensuite l'armement, l'équipement et l'approvisionnement. Les mêmes contrées que parcourt la navigation du Rhin à la Seine, outre tous les bois de construction, donnent des fers, des toiles, des cordages et toutes sortes de denrées pour l'équipement, l'armement et l'approvisionnement des vaisseaux et des flotes. Cette navigation les conduit et les rend à leur destination ainsi que dans les ports et dans les quatre parties du monde.

La France pourrait donc se promettre une marine, qui par suite deviendrait formidable, et dont tous les objets pour la former sont à l'abri des mouvemens et incursions de ses jaloux ennemis.

Si dans les commencemens cette marine n'est pas aussi considérable qu'il serait nécessaire et qu'on pourrait le désirer, elle se montera insensiblement et couvrira bientôt les mers.

Les forêts des contrées que parcourt cette navigation, comme transplantées, y deviendraient des citadelles ambulantes qui iront chercher et attaquer vigoureusement partout les ennemis destructeurs de la marine de France et de son commerce, vraie boussole de ses finances.

D'après cela, est-il possible que la marine française puisse éprouver des manquemens comme on ose le publier.

Je demande si dans le cours des dernières guerres, où l'on a construit tant de bateaux plats au Hâvre et dans d'autres ports, pour des objets d'expéditious, ainsi que l'on fait encore aujourd'hui, on n'aurait pas eu des bois abondamment par le moyen de la navigation du Rhin à la Seine? si l'on n'aurait pas pu et si l'on ne pourrait pas dans tous les cas, construire pareilles sortes de bateaux et tous autres, dans les forêts qui s'étendent pour ainsi dire sur tout le cours de cette navigation, sans que les Anglais en eussent la moindre connaissance, et si, quand ils l'auraient, ils ont par devers eux des moyens de s'y opposer et empêcher les travaux d'armement de toutes espèces, et si l'on aurait à craindre les bombes et les boulets Anglais ou toute autre explosion de leur part? si, au contraire, dans le cas d'expédition et de descente en Angleterre, seul moyen de contenir cette fière nation et de borner ses vastes prétentions sur les mers, tel qu'autrefois Carthage lorsque Scipion fit décider le sénat romain à aller l'attaquer dans ses murs.

Je demande quels avantages ne nous offre pas la navigation du Rhin à la Seine, qui irait se joindre et accroître celle du Hâvre, de Saint-Malo, de Brest, de Rochefort, de Toulon même; elle irait leur porter secours, elle irait leur porter des armes, elle irait leur donner des vivres, elle irait combattre pour elle et avec elle; la promptitude, le secret et la surprise, sont les sûrs moyens de réussites dans les expéditions maritimes et projets de descentes.

Tous ces avantages sont réunis dant la navigation du Rhin à la Seine, projetée par le S. Prault Ssint-Garmain; tous les préparatifs peuvent être faits si secrètement et en si peu de temps, que cette marine, jointe aux gros bâtimens des ports de France, arriverait sans bruit en Angleterre, ou dans un des ports des trois royaumes, en s'annonçant eux-mêmes.

Aussi, les Anglais ont-ils si fort senti toute l'importance d'un tel projet et le dommage très-considérable qu'il leur porterait, qu'ils ont osé faire des offres immenses à son auteur, pour qu'il n'eût jamais d'exécution.

Les avantages de la navigation du Rhin à la Seine, réuniraient donc tous ceux qu'on doit se proposer dans la politique et le commerce, tant continental qu'étranger, par la facilité, promptitude, sûreté et économie des importations et exportations, ainsi que par les distributions et répartitions de départemens à départemens, de villes à villes, de bourgs à bourgs, de villages à villages, pour toutes espèces de marchandises, productions et denrées tant nationales qu'étrangères et coloniales, pour tous les objets de consommation et de luxe, enfin, pour tout son commerce en général avec l'Allemagne, l'Autriche, la Hongrie, et tout le Nord jusqu'à la Mer noire et beaucoup au-delà.

En conséquence, l'auteur de ce projet, désireux d'être utile à sa patrie, et n'ayant pour but principal que la prospérité publique, cherche par une entreprise des plus hardies, des plus assurées, à rétablir et faire fleurir à perpétuité le commerce de France, presqu'anéanti depuis long-temps, en faisant refluer à Paris tout le commerce du Nord, ce qui rendrait cette capitale l'entrepôt général de toutes les marchandises du monde entier.

L'auteur de cette entreprise, ayant en vue tous les avantages particuliers qui intéressent cet Empire, se propose de rendre la santé et une nouvelle existence à la plupart des habitans du département de la Meurthe, qui sont dans une langueur et un dépérissement perpétuel; enfin, de repeupler, pour ainsi dire, ce pays presque désert et sans énergie, d'habitans robustes et laborieux qui béniront sans cesse le gouvernement qui leur aura procuré ce bienfait en purifiant l'air par le desséchement de tous les vastes marais fangeux de ces contrées, ainsi qu'en forçant la terre à la fertilité la plus abondante par un accroissement considérable de riantes et fertiles prairies, et en facilitant à ce département, ainsi qu'à ceux circonvoisins, un débouché assuré de toutes leurs productions et denrées, aux moindres frais possibles.

Outre les avantages sans nombre que doit procurer le projet du S. Prault Saint-Germain, il s'est encore proposé de le faire servir de ligne de défense pour protéger le territoire Français contre l'invasion des ennemis.

En conséquence, il serait construit depuis Offendorff jusqu'à Toul, des digues d'inondation qui repandraient à volonté et avec affluence 300 pieds cubes d'eau par demi seconde, 600 pieds par seconde, 36,000 pieds par minute, 2,160,000 pieds cubes d'eau par heure, ce qui ferait 10,000 toises carrées ou 5 lieues de terrain, qui seraient inondées à 6 pieds de hauteur d'eau, et par le moyen de digues de réversion, il serait facile de faire rentrer l'eau dans le lit de la navigation en très-peu de temps.

Cette entreprise, qui offre des avantages précieux à l'humanité, utiles à l'agriculture, intéressans pour la marine et le commerce, importans pour le Gouvernement et le Public, ainsi que pour la sûreté intérieure du pays, a pour objet l'établissement de la seule Navigation naturelle et commerciale qui existerait en Europe, et joindrait le Rhin à la Seine jusqu'à Paris.

Cette Navigation, par ses proportions, coupes et dimensions de largeur et de profondeur, ainsi qu'on peut le voir sur le plan géométrique de l'Auteur, serait praticable en tout temps, non seulement pour des Paquebots, Coches, Galiotes, Barques, grands Bateaux de transports et tous autres, mais encore pour des Navires marchands à mâts brisés, depuis 150 jusqu'à 2 et 300 tonneaux, ce qui, avec le port à construire à Paris, rendrait cette Capitale la plus commerçante ville de l'Univers.

____

(1) Paris était autrefois une ville maritime et commerçante. L'histoire rapporte qu'en 885, des peuples de la Suède, du Danemarck et de la Norwège, au nombre de 40,000 hommes, ayant à leur

Cette Navigation naturelle et jonction du Rhin à la Seine, traverseroit les Départemens du Bas-Rhin, de la Meurthe, de la Meuse, de la Marne, de l'Aisne, de Seine-et-Marne, partie de celui de Seine-et-Oise, et de celui de la Seine, par les rivières de Zorn, de Bièvre, de Sarre, de Seille, de Meurthe, de Moselle, de Meuse, d'Ornain, de Marne et de Seine jusqu'à Paris.

Cette Navigation naturelle et commerciale auroit 32 toises de large y compris les talus, les trottoirs de halage, les allées de promenades et les chemins, le long de son cours dont le courant d'eau seroit de 70 à 72 pieds de largeur dans les endroits les plus resserrés, sur 10 à 12 pieds de profondeur dans les tems de sécheresse, et environ 144 lieues $\frac{1}{4}$ de longueur dont 125 lieues $\frac{1}{2}$ de rivières naturellement navigables, une partie de l'année, 16 lieues $\frac{1}{2}$ de rivières et ruisseaux à rendre tels, et 2 lieues et $\frac{1}{4}$ au plus en 5 petits intervalles, sans eau, des canaux artificiels à ouvrir, pour opérer toutes les jonctions, depuis le fleuve du Rhin à Offendorff, au-dessous de Strasbourg, jusqu'à la Seine à Paris, suivant l'itinéraire ci-après, et le plan géographique de l'auteur.

L'Etablissement de cette navigation opéreroit le desséchement de la plus grande partie des étangs de Stock, de l'Indre, de Goudrexange, de Richecourt, de Lagarde et autres, ainsi que celui de tous les vastes marais fangeux depuis Sarrebourg, Putelange, Stoch, l'Indre, Tarquin-Pol, Goudrexange, le val de Gueblange-Dieuze, Blanché-Eglise, Mulcey, Marsal, Moyenvick, Vic et tous autres, au nombre de *cent mille arpens* environ dans le département de la Meurthe, qui perpétuellement stagnans et empestiférant l'air, occasionnent des maladies morbifiques, et sans nombre, dont la population de ces contrées est accablée pendant toute l'année, au point qu'il est rare qu'un individu y parvienne jusqu'à l'âge de 60 ans, et influent considérablement sur tous les animaux et végétaux de toutes espèces qui s'en ressentent et languissent continuellement (1).

Cette entreprise procureroit en outre, au Gouvernement, l'avantage d'épargner

---

tête Sigefroy, vinrent, par le Hâvre, en remontant la Seine, faire le siège de Paris avec 700 voiles, sans compter les barques : cette ville étoit déjà renommée par son commerce, lors de la conquête des Gaules par les Romains, qui lui donnèrent le nom de *Lutecia, Lutèce.*

Les anciens historiens nous apprennent même que long-tems avant Auguste, cette ville n'étoit peuplée que de commerçans appelés *Nautæ Parisiaci*, les *Nautoniers Parisiens*, et que la Seine étoit couverte de plus de 1500 vaisseaux du côté de l'Isle St.-Louis, nommée alors l'isle des Nautoniers, où étoit l'entrepôt-général de toutes leurs marchandises, et qu'ils avoient pour emblème un vaisseau que Paris a toûjours conservé dans ses armes jusqu'en 1792.

Jules-César rapporte dans ses commentaires (Liv. 3) que lors de la conquête des Gaules, il fit faire pendant un hiver 600 vaisseaux des bois qui étoient aux environs de Paris ; qu'au printems, il fit monter sur ces vaisseaux son armée avec armes, bagages, chevaux et provisions, qu'il descendit la Seine, passa à Dieppe, et delà en Angleterre, dont il fit la conquête. Ces faits authentiques et beaucoup d'autres prouvent donc qu'il seroit facile aujourd'hui de rendre Paris beaucoup plus maritime et plus commerçant qu'aucune ville de l'univers, par le moyen de la navigation du Rhin à Paris, et d'un canal de Paris au Havre et à Dieppe.

(*Voyez le Mercier, dans son Tableau de Paris, Tom. 3, pag.* 258 *et suivantes. Voyez aussi Felibien, tome* 1 *, page* 102.)

(1) Voyez les Ouvrages des savans *Doncerf, Huguenin, Jadelot* et d'une infinité d'autres physiciens et médecins célèbres sur l'incurabilité des maladies épidémiques de la Lorraine, dont ils prétendent tous que la source dangereuse ne peut se détruire qu'en desséchant l'immensité d'étangs, et de marais fangeux de cette province, qui ne se vivifiera jamais que par ce seul et unique moyen.

par an, environ *trois millions* pour l'entretien et la réparation des routes, rendroit à l'agriculture et aux armées tous les chevaux employés au roulage, approvisionneroit avec abondance et à un prix très-modique la ville de Paris et toute la France, des bois de chauffage, de charpente et tous autres, ainsi que du charbon des deux espèces, nécessaires à sa consommation, dont forcément elle manquera sous peu ; ôteroit aux Anglais la vente de 45 à 50 millions de charbon de terre que nous tirons d'eux tous les ans : ôteroit aussi aux Hollandais les bénéfices exhorbitans qu'ils font avec nous journellement sur les bois de constructions qu'ils nous achètent à très-vils prix et qu'ils nous revendent fort chers pour des bois du Nord.

Son cours faciliteroit pour le commerce l'établissement d'une immensité d'atteliers, fabriques, manufactures, moulins et usines de toutes espèces, qui par le moyen des déversoirs de la navigation, seroient alimentés de la quantité d'eau dont ils auroient besoin, et préviendroient en même tems les fréquentes inondations que la surabondance desdites eaux pourroient occasionner ; diminueroit considérablement le prix de l'exportation de toute espèce de marchandises, productions et denrées, dont le quintal ne se payeroit plus que 6 fr. au lieu de 40 fr., et encore le cit. Prault-Saint-Germain se rendroit-il comptable de la moitié du produit au Gouvernement, qui au lieu de mettre aucun impôt, en retireroit un revenu très-considérable ; enfin, rendroit plus florissant le commerce habituel de tous les points que parcoureroit ladite navigation, par les relations commerciales qu'elle établiroit de toutes parts, en forçant même les lieux par où elle passeroit, qui ne seroient pas commerçans, à le devenir par la suite.

Cette entreprise que l'on regarde comme une des plus vastes et des plus hardies dont l'esprit humain ait pu concevoir l'idée, faite pour étonner l'Univers et qui eût honoré les Romains, présente comme l'on voit des avantages immenses et une utilité incalculable, non seulement pour les habitans du département de la Meurthe et ceux circonvoisins, dans lesquels la navigation aurait son cours, mais encore pour toute la France, puisqu'elle entraineroit forcément dans le sein de la Capitale, tout le commerce en général, tant Européen que Colonial, et encore plus particulièrement tout le commerce du Nord, dont toutes les classes de la société ressentiraient les riches influences.

L'on peut donc regarder à juste titre cette grande entreprise, comme au-dessus du fameux lac Mœris, et des autres travaux en ce genre si vantés de l'Antiquité, surpassant même de beaucoup, par sa facile exécution, tous les canaux artificiels projetés, ainsi que ceux déjà existans en Europe, qui ne peuvent avoir la quantité de ramifications qu'auroit cette navigation naturelle, qui par les jonctions du Danube au Rhin, dont on s'occupe dans l'Empire, se prolongeroit bien avant dans l'Asie et même beaucoup au-delà, et établiroit des relations commerciales très-avantageuses et infiniment étendues, en communiquant avec presque toutes les mers par l'intérieur des terres, et, qui à l'instar du fleuve du Nil, porteroit l'abondance et la fertilité par-tout où elle passeroit, sans aucune crainte pour le commerce continental des puissances de l'Europe dans le cas de guerre avec l'Angleterre, *dont le Gouvernement a offert au cit. Prault Saint-Germain, vingt millions* pour que ce projet n'eût jamais d'exécution par le préjudice énorme qu'il porteroit à ses fabriques, manufactures, et à tout son commerce en général (1).

____

(1) Le maréchal de Vauban, homme d'un rare génie, pourroit avoir eu en vue une petite partie de ce projet, en proposant de joindre la Moselle à la Meuse par le moyen d'un ruisseau qui tombe

Il eût été à désirer que cette Navigation naturelle, et jonction du Rhin à la Seine, eût pris sa direction par Strasbourg ; mais les isles, les Rochers et les divers Ecueils qui se rencontrent si fréquemment dans le cours du Rhin, depuis cette ville jusqu'à Offendorff, en rendraient la navigation trop difficile, pour ne pas dire très-souvent dangereuse, ce qui nécessite d'en commencer l'ouverture cinq lieues plus bas que Strasbourg, où elle communiquera cependant par un Canal artificiel depuis Weyersheim jusqu'à cette ville où l'on établira un Port.

Comme il est absolument indispensable qu'il y ait, dans Paris un Port assuré, l'auteur de ce projet propose de le faire construire dans les emplacements de la Bastille, qui avec ceux de l'Arsenal, de la Visitation, des Célestins, et partie des Chantiers et Marais de la rue Contrescarpe, Faubourg Saint-Antoine, formeroit un Port qui par sa grandeur et sa situation naturelle, serviroit de gare à tous les bâtimens de navigation quelconque sur la rivière de Seine, dans les tems de glaces, ce qui donneroit à cette Capitale, l'avantage d'être maritime, et feroit une des époques des plus célèbres de l'histoire de Paris et de la France.

L'entrée du Goulet du Port serait fermée par un Pont tournant, au milieu duquel s'éleverait une colonne Rostrale du commerce servant de Phare, qui seroit vue de

---

dans la Moselle à Toul, et d'un autre qui se perd dans la Meuse. Regardant ce projet d'une très-grande utilité et d'une facile exécution.

De nos jours, le cit. Lafaye, sous le nom de Saint-Antoine, avoit aussi projetté de faire un petit canal, peu considérable et d'un avantage médiocre par ses largeurs, profondeurs et dimensions : il devoit joindre la Sarre à la Seille par le moyen de l'étang de l'Indre.

Ces deux idées rapprochées, toutes éloignées qu'elles soient d'ailleurs, de la grandeur du projet, du cit. Marcel Prault-Saint-Germain, concourent à en prouver lumineusement la facile exécution, que la nature même du terrein semble indiquer.

Il paroit que vers le huitième siècle, sous l'Empereur Charlemagne, il avoit été question de joindre le Danube au Rhin par le Mein, pour faciliter la communication des mers ; mais il est certain que l'on n'a jamais pensé comme quelques personnes l'ont avancé, aux deux navigations les plus utiles à établir en France, qui sont :

1°. Celle du cit. Marcel Prault-Saint-Germain, qui est *la jonction du Rhin à la Seine*, conduisant à la Manche ou Océan Britannique, d'une part, et par le Rhin conduisant à la mer d'Allemagne, ou grand Océan, et par le Danube conduisant à la mer Noire, la mer Baltique, la mer Adriatique et autres. D'autre part :

2°. Celle de l'ingénieur général de Brigade Lachiche, dont on a voulu envahir le sublime projet de jonction du Rhin au Rhône conduisant à la mer Méditerannée, d'une part, et par le Rhin conduisant à la mer d'Allemagne, dont le savant Bertrand, inspecteur général des Ponts et Chaussées, a été chargé de lever les Plans et Profils, ainsi que de faire les devis qui ont prouvé toute l'étendue de ses lumières et la science profonde de son génie, développé dans son système de navigation fluviale, mis à exécution par le projet ducit. Prault-Saint-Germain.

Il serait à désirer pour la prospérité du Commerce et le bonheur de la France, que la jonction du Rhin au Rhône fût mise à exécution, et que les Plans du cit. Lachiche, pour la défense des frontières, fussent suivis.

Le cit. Prault-Saint-Germain, pour rendre hommage au vrai mérite et aux grands talens, se fait honneur d'avoir profité, pour sa navigation naturelle et jonction du Rhin à la Seine, à laquelle il travaille depuis bien long-tems, des avis, conseils, lumières, connaissances et instructions du savant et modeste Bertrand, et de ceux du célèbre Peronnet, pendant son vivant.

tous côtés et correspondrait aux rues, places et ponts d'un nouveau quartier de commerce dans l'Isle Louviers.

Au moyen du quai Bonaparte, qui feroit le cintre du port, il y auroit aux deux extrémités, des fontaines publiques d'eaux jaillissantes, et sur le port en face du boulevard, il y auroit un grand socle de marbre servant de corps-de-garde, sur lequel seroit placé un char d'abondance en bronze doré, attelé des quatre chevaux que Bonaparte a fait transporter de Venise, lesquels ne pouvant rester où ils sont actuellement placés, prendroient leur direction vers la ville et seroient conduits par le génie de ce héros, couronné par l'amour de la patrie, éclairant le port, et tout le quartier avec son flambeau servant de fanal (1).

Les déblais provenant de l'excavation des terres du port, serviroient à combler le petit bras de rivière séparant l'isle Louviers du terrein de l'Arsenal, dont l'eau stagnante infecte l'air de tout ce quartier une partie de l'année; ainsi qu'à relever et redresser encore l'isle Louviers et le quai de la Rapée jusqu'au petit Bercy.

Ce recomblement, en augmentant considérablement le terrein de l'isle Louviers, détermineroit, on ne peut en douter, tous les gros négocians à faire construire dans ce superbe emplacement des maisons et établissemens de commerce sur un plan noble et uniforme, ce qui formeroit un nouveau quartier qui deviendroit un des plus beaux, des plus vivans et des plus commerçans de la capitale, en le joignant à l'isle St. Louis par un pont en face de la rue qui traverse cette isle.

L'on feroit dans ce nouveau quartier, une place octogone, dans le milieu de laquelle on élèveroit, à la gloire de Bonaparte, une colonne triomphale surmontée de la Victoire, dont la base porteroit des tables de marbre noir, où seroient écrites en lettres d'or les victoires de ce grand Général, et aux quatre coins de la place il y auroit des fontaines qui, en faisant décoration, serviroient à l'utilité publique.

Les rues croisant la place de la colonne triomphale de Bonaparte, seroient d'une grandeur suffisante pour que ce monument soit parfaitement vu de tous côtés, sur-tout de celui du Jardin des Plantes, où seroit construit un pont de pierre portant le nom de Bonaparte (2) qui, en face de la rue de Seine, prendroit du quai et port Saint-Bernard, pour aboutir au milieu du quai du nouveau quartier, en face d'une rue conduisant à la place et colonne triomphale, qui seroit vue du côté du port Saint-Paul, ainsi que du nouveau port et du boulevard Saint-Antoine, ce qui attireroit l'admiration de tous les étrangers.

---

(1) Ces chevaux qu'on attribue à Lisippe, artiste grec, paroissent avoir été fondus pour un char de triomphe et avoir été transporté de Corinthe à Rome, où ils ont servis à décorer le char de Néron. Trajan les employa au même usage; Constantin les fit servir de couronnement à son arc de triomphe qui existe encore à Rome. Ce dernier Empereur les fit transporter à Constantinople avec le char du Soleil, auquel ils étaient attelés.

Mazin Zeno, premier Podesta de Venise, à la prise de Constantinople par les Vénitiens en 1206, les fit transporter à Venise, mais il oublia le char du Soleil.

Bonaparte, après la conquête de l'Italie, les fit transporter à Paris en 1798, et ils ne peuvent être employés autrement qu'il n'est désigné ci-dessus.

(2) Le pont que l'on construit actuellement, sans pouvoir être de l'utilité de celui désigné ci-dessus, empêcherait la Navigation naturelle et commerciale du Rhin à la Seine, ainsi que l'entrée de tous les bâtimens dans le Port dont on fait aussi mention ci-dessus.

Il s'élèveroit aussi au milieu du nouveau port, un rocher où des tritons et nayades qui serviroient à amarrer les navires, entoureroient un monument de granit, avec des trophées de bronze en reliefs, représentant l'Agriculture, le Commerce, la Marine et la Guerre, couronné d'une figure de la Renommée sur la boule du monde, également en bronze doré.

Les rues, quais, ponts, places composant le nouveau quartier de l'isle Louviers et du nouveau port, porteroient le nom des plus célèbres victoires de Bonaparte.

Ce plan planimétrique ainsi figuré et détaillé, n'auroit lieu qu'autant que le Gouvernement daigneroit l'agréer, et en charger particulièrement l'auteur de ce vaste projet qui, ne voulant pas s'en rapporter à ses propres lumières, sur ses plans, qu'il a mis sous la sauve-garde du Gouvernement, et la loyauté du premier Consul, comme projet de son invention, et sa propriété, invite ses concitoyens, les plus éclairés en cette partie, de lui faire sans critique amère, toutes les observations et objections qu'ils croiront indispensablement nécessaires; comme il ne cherche qu'à être utile à sa patrie, il leur aura la plus vive obligation de rectifier et perfectionner ses idées au besoin.

Enfin, pour ne rien laisser à desirer sur la parfaite réussite de tout ce que propose le cit. Prault-Saint-Germain au Gouvernement, il déclare très-affirmativement, que six mois après l'acceptation provisoire et conditionnelle de ses plans, projets, et la promesse des concessions qu'il sollicite, pour sûreté et garantie des soumissionnaires de cette grande entreprise, il fournira les détails de tous ses moyens d'exécution, et la certitude des fonds nécessaires pour en assurer le succès, par la réunion des premières maisons de banque et de commerce de l'Europe; qui s'y intéressent très-vivement et dont l'auteur du projet se charge de faire tous les frais, sans qu'il en coûte rien autre chose au Gouvernement, que des concessions qui, bien loin de lui être d'aucun produit, lui sont même préjudiciables, lorsqu'il retireroit au contraire un revenu très-considérable de cette grande navigation, que l'Auteur promet de confectionner, terminer et mettre en pleine activité tout le long de son cours, dans l'espace de six années, si le Gouvernement lui accordoit trente mille hommes et plus, auxquels le cit. Prault-Saint-Germain s'engageroit de donner une augmentation de solde aux travailleurs.

Labor improbus omnia vincit.

MARCEL PRAULT-SAINT-GERMAIN.

ITINÉRAIRE

DE LA SEULE NAVIGATION

NATURELLE ET COMMERCIALE

QUI EXISTEROIT EN EUROPE,

ET

JOINDROIT LE *RHIN* A LA *SEINE* JUSQU'A PARIS,

Avec la distance d'un lieu à un autre, et les Embranchemens et Communications des Rivières transversales.

DÉPARTEMENS	NOMS DES LIEUX.	RIVIÈRES, RUISSEAUX, INTERVALLES, DIGUES, PORTS, ECLUSES, etc.	DISTANCES		EMBRANCHEMENS.
			lieues.		
	d'Offendorff	Sur le fleuve du Rhin. Port.			D'Offendorff en descendant jusqu'à la mer, par Spire, Manheim, Vorms, Oppeinheim, Mayence, Rinfels, Coblentz, Bonn, Cologne, Dusseldorf, Wesel, Utrecht et Leyden; et en remontant jusqu'à Mayence, prendre sur l'autre rive du Rhin la rivière de Mein qui passe à Franffort, jusqu'à Vertheim, sur la rivière de Tauber, que l'on continue jusqu'à sa source à Rotenburg, où il y a un intervalle de 2 lieues communes d'Allemagne jusqu'à la rivière d'Atmuht, que l'on continue jusqu'à Ketheim et à Ratisbonne sur le Danube, et en remontant jusqu'à Manheim, prendre là rivière de Nekre jusqu'à
	à Weyersheim . . .		2	//	
	à Geidertheim . . .		I.	¾	
	à Brumpt	Port..................	I	//	
	à Krautweiller . .		//	¾	
	à Waltenheim . .		I	//	
du Bas-Rhin.	à Schwindratzheim.	Sur la rivière de Zorn.....	I	//	
	à Hochefelden . .	Port..................	//	¾	
	à Wilvisheim . .		I	¾	
	à Dettweiller . .		I	//	
	à Steinbourg . . .		I	¾	
	à Montweiller . .		//	¾	
	à Saverne	Port..................	//	½	

12 lieues.

DÉPARTEMENS	NOMS DES LIEUX.	RIVIÈRES, RUISSEAUX, INTERVALLES, DIGUES, PORTS, ECLUSES, etc.	DISTANCES	EMBRANCHEMENS.
			lieues.	
	De Saverne	de ci-contre	12	Wimpfen où l'on prend la rivière de Kockem, jusqu'à sa source, à Allen où il y a un intervalle d'une lieue d'Allemagne jusqu'à une petite rivière qui passe à Nortingen et tombe dans le Danube à Donavert, et en remontant, encore jusqu'à Strasbourg, prendre au fort de Kehl la petite rivière de Kinche qui conduit à un intervalle de 2000 d'Allemagne, à ouvrir entre deux montagnes de la forêt Noire depuis Homberg jusqu'à Rotweil, et ensuite à un autre intervalle de 2000 d'Allemagne, à ouvrir dans une plaine jusqu'à Simaringen sur le Danube, qui est à rendre navigable jusqu'à Ulm.
	à Lutzelbourg		2 ½	
	à Furmuhl	Sur la rivière de Zorn	1 ¾	
	à Neu-muhl		// ½	
	à Homértt	Port sur un Ruisseau — Intervalle de 500 toises	// ¾	
	de Sciry	Sur un ruisseau	// ¼	
	à Biever-kirch	Réservoirs près d'Homertt et de Hesse	// ½	
	à Harsville		// ½	
	à Rittervall		// ½	
	à Schnekenbusch	Sur la rivière de Bievre	// ½	
	à Bilh		// ¾	
	à Hoff		1 //	
de la Meurthe	à Sarre-altroff	Ecluse	// ¾	De Sarre-altroff à Fenestrange, à Ney, Sarrewerden à Bouquenon, à Saralbe, Surguemine, Sarbruck, Sarre-Louis.
	à Obersteinselle	Sur la rivière de Sarre	1 ½	
	à Dolving		// ¾	
	à Haut-Clocher		// ¾	
	à Langatte	Port sur le Stock	// ¾	
	à l'Etang de Stock		// ¾	
	à Rode	Sur un Ruisseau — Intervalle de 1000 toises	1 //	
	de Fribourg		// ½	
	à Desseling	Sur un ruisseau	// ¾	
	à Guermange	Port et digue d'inondation	// ¾	
	à l'Etang de l'Indre	Sur l'Etang de l'Indre	1 ¾	
	à Basse-l'Indre	Port	1 ¾	
	à Dieuse		// ¾	
	à Mulcey		1 //	
	à Marsal	Sur la rive de Seille	1 //	
	à Moyen Vic	Digue de Réversion	1 //	

551. ¾

DÉPARTEMENS	NOMS DES LIEUX.	RIVIÈRES, RUISSEAUX, INTERVALLES, DIGUES, PORTS, ECLUSES, etc.	DISTANCES	EMBRANCHEMENS.
			lieues.	
	De Moyen-Vic	de l'autre part	35 3/4	
	à Vic	Port	″ 1/2	
	à Burtecourt		I ″	
	à Chambrey	Sur la rivière de Seille	″ 1/2	
	à Petoncourt		I 1/4	
	à Basse-Brin	Ecluse / Port	″ 3/4	De Brin à Noményr, à Metz et Thionville.
	à Mazerulle	Sur la Mazerulle	″ 3/4	
	à Champenoux	Intervalle de 1000 toises	″ 1/2	
	à Laitre	Digue d'inondation	I 3/4	
	à Dommartin	Sur la Mezulle / Digue de réversion	″ 1/2	
de la Meurthe	à N.-D. de Pitié		I 3/4	
	à Bouxières		″ 3/4	
	à Clevand	Port sur la Meurthe / Ecluse	I ″	De Clevand à Dieu-Louard, Pont-à-Mousson, Metz et Thionville en remontant sur la Meurthe à Nancy et Lunéville.
	à Pompey		″ 1/2	
	à Liverdun		I 3/4	
	à Fontenoy		2 1/2	
	à Gondreville	Sur la Moselle / Digue de réversion	″ 1/2	
	à Toul	Port	I 3/4	
	à Savonière	Sur l'Ingreshin	2 ″	
	à Laye	Intervalle de 500 toises	″ 3/4	
	à Pagney	Sur la Meuse	I 3/4	
	à Troussey	Port / Ecluse	″ 1/2	De Troussey à Sorcy, Commercy, S. Mihiel, Verdun et d'Un, et en remontant à Vaucouleurs.
	à la Borde-Masure		I 1/2	
	à Void		″ 1/2	
de la Meuse	à Sauvoy	Sur la Mcholle	I 1/2	
	à Broussey	Port	I 1/4	
	à Bové	Intervalle de 1500 toises	″ 3/4	
			61 l. 3/4	

DÉPARTEMENS	NOMS DES LIEUX.	RIVIÈRES, RUISSEAUX, INTERVALLES, DIGUES, PORTS, ÉCLUSES, etc.	DISTANCES	EMBRANCHEMENS
			lieues.	
	de Bové	de ci-contre	61 $\frac{3}{4}$	
	à Reffroy		1 //	
	à Marson	Sur la Barbouture	// $\frac{1}{2}$	
	à Boviolle		// $\frac{1}{2}$	
	à Naix		// $\frac{3}{4}$	
	à Ménancourt		// $\frac{1}{2}$	
	à Ligny	Port	1 $\frac{3}{4}$	
	à Nançoy		// $\frac{3}{4}$	
	à Trouville		// $\frac{1}{2}$	
de la Meuse.	à Guerpont		// $\frac{1}{2}$	
	à Tanoy		// $\frac{1}{2}$	
	à Longueville		1 //	
	à Savonière		// $\frac{3}{4}$	
	à Bar-le-Duc	Port	// $\frac{3}{4}$	
	à Fains		// $\frac{3}{4}$	
	à Warnay	Sur l'Ornain	// $\frac{3}{4}$	
	à Mussey		// $\frac{1}{2}$	
	à Neuville		// $\frac{3}{4}$	
	à Revigny-aux-Vaches	Port	1 $\frac{1}{2}$	
	à Estrepy	Port	4 //	
	à Bignicourt	Port	// $\frac{3}{4}$	
	à Buisson		// $\frac{3}{4}$	
	à Pouthion		// $\frac{3}{4}$	
de la Marne.	à Vitry-le-Brûlé		2 //	De Couvrot en montant la Marne à Vitry-le-Français et à St.-Dizier.
	à Couvrot	Port	1 $\frac{3}{4}$	
	à Soulange	Sur la Marne	// $\frac{3}{4}$	
	à Ablancourt		// $\frac{3}{4}$	

86 l. $\frac{3}{4}$

DÉPARTEMENS	NOMS DES LIEUX.	RIVIÈRES, RUISSEAUX, INTERVALLES, DIGUES, PORTS, ECLUSES, etc.	DISTANCES	EMBRANCHEMENS.
			lieues.	
	d'Ablancourt	de l'autre part	86 3/4	
	à Mutigny		// 1/2	
	à Omey		// 3/4	
	à Poigny		// 3/4	
	à Vesigneux		// 1/2	
	à Mesry		1 //	
	à Soigny		// 3/4	
	à Colus		1 //	
	à Compertrix		// 1/2	
	à Châlons	Port	// 1/2	
	à St.-Martin		// 3/4	
de la Marne.	à St.-Gribien		1 //	
	à Martougues		1 3/4	
	à Aulnoy	Port	1 //	
	à Tours	Sur la Marne	2 3/4	
	à Boisseuil		// 3/4	
	à Mareille		1 //	
	à Ay		1 //	
	à Epernay	Port	// 3/4	
	à Cumières		1 3/4	
	à Damery		1 3/4	
	à Reuil	Port	1 3/4	
	à Mareuil		1 //	
	à Vincelles		2 3/4	
de l'Aisne.	à Dormans	Port	// 3/4	
	à Facy		1 3/4	
	à Courtemont		// 1/2	
			112 l. 1/4	

DÉPARTEMENS	NOMS DES LIEUX.	RIVIÈRES, RUISSEAUX, INTERVALLES, DIGUES, PORTS, ECLUSES, etc.	DISTANCES	EMBRANCHEMENS.
			lieues.	
	De Courtemont. . .	. de ci-contre	112 $\frac{3}{4}$	
	à Burcy		// $\frac{3}{4}$	
	à Jaulgonne		// $\frac{3}{4}$	
	à Charteret		// $\frac{3}{4}$	
	à Gland		1 $\frac{3}{4}$	
	à Brasle		// $\frac{3}{4}$	
de l'Aisne...	à Château-Thierry.	. Port	// $\frac{1}{2}$	
	à Azy		1 $\frac{1}{2}$	
	à Chezy		// $\frac{1}{2}$	
	à Romny		// $\frac{1}{2}$	
	à Nogent-l'Artault.		// $\frac{3}{4}$	
	à Saule-Chery . . .		// $\frac{3}{4}$	
	à Drachy		1 //	
	à Citry.	. . Port	// $\frac{3}{4}$	
	à Nanteuil.	Sur la Marne , ...	// $\frac{3}{4}$	
	à Mery	{ . Redressement	2 $\frac{3}{4}$	
	à la Ferté-sous-Jouarre.	Port	2 //	
	à Vassy		1 $\frac{3}{4}$	
	à Changy	} . Redressement	1 $\frac{3}{4}$	
	à Trilport		1 $\frac{3}{4}$	
de Seine et Marne.	à Meaux.	. Port	1 $\frac{1}{2}$	De Meaux à Coulommiers et à la Ferté-Gaucher sur le Morin.
	à Villenoy		// $\frac{1}{2}$	
	à Mareuil		// $\frac{1}{2}$	
	à Condé		1 //	
	à Coupevray	{ . Redressement	// $\frac{3}{4}$	
	à Chalifert		// $\frac{1}{2}$	
	à Dampmart . . .		// $\frac{1}{2}$	
	à Laguy	. Port	// $\frac{1}{2}$	
			135 l. $\frac{1}{4}$	

5

(18)

DÉPARTEMENS	NOMS DES LIEUX.	RIVIÈRES, RUISSEAUX, INTERVALLES, DIGUES, PORTS, ECLUSES, etc.	DISTANCES	EMBRANCHEMENS.
			lieues	
de Seine et Marne.	de Lagny	de l'autre part	155 $\frac{3}{4}$	
	à Pomponne		" $\frac{3}{4}$	
	à Noiziel		1 $\frac{3}{4}$	
de Seine et Oise.	à Gournay		1 "	
	à Noisy		" $\frac{3}{4}$	
	à Neuilly	Port	" $\frac{1}{2}$	
		Sur la Marne		
de la Seine.	à Brie		" $\frac{1}{2}$	
	à Nogent		" $\frac{3}{4}$	
	à Polangy	Redressement	" $\frac{1}{2}$	
	à St.-Maurice		" $\frac{3}{4}$	
	à Conflans		" $\frac{3}{4}$	
	à Charenton	Port	" $\frac{1}{2}$	
	à Paris	Sur la Seine. Port	" 2	
	TOTAL du cours de la Navigation		144 l. $\frac{3}{4}$	

Dont 125 lieues et demie de Rivières naturellement navigables une partie de l'année, 16 lieues et demie de rivières et ruisseaux à rendre navigables, et 2 lieues $\frac{3}{4}$ ou 4500 toises en 5 petits intervalles sans eau, à ouvrir pour opérer toutes les jonctions, ainsi qu'il est démontré ci-après, suivant les cartes géographiques les plus exactes et particulièrement celles de Cassini.

SAVOIR:

COURS DES RIVIERES NATURELLEMENT NAVIGABLES SIX MOIS DE L'ANNÉE.

Depuis Offendorff sur le Rhin, jusqu'au ruisseau au-dessus de Neu-muhl, par la rivière de Zorn.	16 $\frac{3}{4}$
Par la rivière de Bièvre	3 $\frac{3}{4}$
Par la rivière de Sarre	2 $\frac{3}{4}$
Par l'étang de Stock	1
Depuis Guermange y compris l'étang de l'Indre, jusqu'à Brin sur la rivière de Seille	10 $\frac{1}{2}$
Par la Meurthe jusqu'à Champignolles	1 $\frac{3}{4}$

35 lieues.

De ci-contre	. . . 35 l.
Depuis Clevand jusqu'à Toul sur la Mozelle . .	. . . 6 $\frac{1}{2}$
Depuis Pagney jusqu'à Void par la Meuse . . .	. . . 2
Depuis Naix jusqu'à son embouchure dans la Marne par l'Ornain	. . 20 $\frac{1}{2}$
Depuis Paris jusqu'à l'embouchure de l'Ornain, par la Marne, jusqu'à Paris	. . 61 $\frac{1}{2}$
Total des Rivières naturellement navigables .	. . 125 l. $\frac{1}{2}$
Le cours des Rivières et Ruisseaux susceptibles d'être rendus navigables, est de	. . 16 $\frac{1}{2}$

Et sont celles ci-après. Savoir :

Entre les rivières de Zorn et de Bièvre.	Celle de Homertt dont l'embouchure est dans la Zorn au-dessus de Fur-muhl, va se rendre dans la Bièvre à Sciry	
Entre la Sarre et l'Etang de Stock.	Celle qui, sortant de l'Etang de Stock, passe à Langatte et se rend dans la Sarre	
Entre l'Etang de Stock et celui de l'Indre.	Celle qui prend sa source au-dessus de Fribourg, passe à Guermange, où elle se rend dans l'Etang de l'Indre	
Entre les rivières de Seille et de Meurthe.	Celle de Mazerulle qui se jette dans la Seille au-dessus de Brin . . . . La Mezulle qui prend sa source à Erbevilliers, se décharge dans la Meurthe au-dessus de Pixéricourt	
Entre les rivières de Moselle et de Meuse.	L'Ingreshin qui a sa source dans les bois de Fougues, a son embouchure dans la Moselle . . . Celle qui prenant sa source dans le bois de St. Germain, va se rendre dans la Meuse, à Pagney.	
Entre les rivières de Meuse et d'Ornain.	Celle de Broussey, qui se rend dans la Mcholle à Sauvoy et depuis Sauvoy jusqu'à la Meuse où elle se décharge . . . . Celle de Reffroy qui, prenant sa source à Bové, se décharge dans l'Ornain	

Total	. . . 142 l.

De l'autre part . . . . 142 lieues.

D'après cela, il ne reste plus que . . . . 2 l. ¼

ou 4500 toises en 5 petits intervalles sans eau, à ouvrir pour opérer toutes les jonctions.

SAVOIR:

1°. Entre Homerlt et Sciry, situés entre les rivières de Zorn et de Bièvre, un quart de lieue ou. . . . . 500 toises

2°. Entre Rode et Fribourg, situés entre les étangs de Stock et de l'Indre, une demi lieue ou . . . 1000 *Idem.*

3°. Entre Brin et Erbevilliers, situés entre les rivières de Seille et de Moselle, une demi lieue ou . 1000 *Idem.*

4°. Entre Foug et Laye, situés entre les rivières de Mozelle et de Meuse, un quart de lieue, ou . . 500 *Idem.*

5°. Entre Broussey et Bové, situés entre les rivières de Meuse et d'Ornain, trois quarts de lieue ou . . 1500 *Idem.*

TOTAL, 2 lieues ¼ ou . . . . . 4,500. toises.

TOTAL et résumé du cours de la Navigation du Rhin à Paris . . . . . 144 l. ¼

PAR MARCEL PRAULT-SAINT-GERMAIN.

DÉTAILS EXACTS ET CIRCONSTANCIÉS
DE LA SEULE NAVIGATION
NATURELLE ET COMMERCIALE

Qui existeroit en Europe, et joindroit le *Rhin* à la *Seine* jusqu'à Paris, sous la dénomination de NAVIGATION BONAPARTE.

On a joint à ces Détails tout ce qui a rapport à ce grand Projet, ainsi que la Description Géographique la plus exacte de sa communication, qui embrasse toutes les Parties du Monde et presque toutes les Mers, par la jonction du Rhin au Danube.

INVENTÉ PAR MARCEL PRAULT-SAINT-GERMAIN.

Cette Navigation, consistant en 144 lieues ¼ de longueur sur 70 à 72 pieds de largeur dans les endroits les plus resserrés, et 10 à 12 pieds de profondeur tout le long de son cours, dans les tems de sécheresse, traverseroit les Départemens du Bas-Rhin, de la Meurthe, de la Meuse, de la Marne, de l'Aisne, de Seine-et-Marne, partie de celui de Seine-et-Oise et de celui de la Seine, et seroit praticable en tout tems, non seulement pour des Paquebots, Coches, Galiottes, Barques, grands Bateaux de transports et tous autres, mais encore pour des Navires Marchands à mâts brisés, depuis 150 jusqu'à 300 tonneaux et parcourroit 125 lieues ½ de rivières naturellement navigables une partie de l'année; SAVOIR : 61 lieues ⅓ par la Marne, depuis Paris jusqu'à l'embouchure de l'Ornain, entre Couvrot et Vitry-le-Français; 20 lieues ¼ par l'Ornain, depuis Couvrot jusqu'à Naix; 2 lieues par la Meuse, depuis Void jusqu'à Pagney; 6 lieues ½ par la Moselle, depuis Toul jusqu'à Clevand; 1 lieue ¼ par la Meurthe, depuis Clevand jusqu'à Pixerecourt ou Champigneule; 10 lieues ½ par la Seille, depuis Petoncourt, par Vic, Marsal, Dieuze et l'étang de l'Indre jusqu'à Guermange; 1 lieue par l'étang de Stock, 2 lieues par la Sarre, depuis Gosselming jusqu'à Hoff; 5 lieues ¼ par la Bièvre, depuis Hoff jusqu'à Bieverkirch; 16 lieues ¼ par la Zorn depuis Neumuhl jusqu'à son embouchure dans le Rhin à Offendorff.

Plus, 16 lieues ¼ de rivières et ruisseaux à rendre navigables; SAVOIR : celle de Reffroy, qui prend sa source à Bové, se décharge entre St.-Amand et Naix, celle de Broussey, qui se rend dans la Mcholle à Sauvoy, et celle-ci depuis Sauvoy jusqu'à la Meuse, où elle se décharge; celle qui prenant sa source dans les bois de St.-Germain, va se rendre dans la Meuse à Pagney, l'Ingreshin qui a sa source dans les bois de Foug, a son embouchure dans la Moselle, à Toul; la Mezulle qui prend sa source à Erbevilliers, se décharge dans la Meurthe au-dessus de Pixerecourt; celle de Mazerulle qui se jette dans la Seille au-dessus de Brin; celle qui prend sa source au-dessus de Fribourg, passe à Guermange, où elle se rend dans l'étang de l'Indre; celle qui sortant de l'étang Stock passe à Langatte et se rend dans la Sarre, et enfin celle de Homertt dont l'embouchure est dans la Zorn, au-dessus de Neumuhl, va se rendre dans la Bièvre, à Sciry.

Il ne reste plus alors que 2 lieues ¼ en 5 petits intervalles sans eau de canaux artificiels, à ouvrir pour opérer toutes les jonctions des différentes rivières, ruisseaux et étangs, savoir : 500 toises entre Bieverkirch et Homertt, situés entre les rivières de Zorn et de Bièvre, 1000 toises entre Rode et Fribourg, situés entre les étangs de Stock et de l'Indre, 1000 toises entre Mazerulle et Champenoux, situés entre les rivières de Seille et Meurthe ; 500 toises entre Savonière et Laye, situés entre les rivières de Moselle et de Meuse, et enfin 1500 toises entre Broussey et Reffroy, situés entre les rivières de Meuse et d'Ornain, ce qui fait en totalité 4500 toises ou 2 lieues ¼ pour les 5 petites jonctions de toutes les rivières, ruisseaux et étangs, formant le cours de cette grande navigation, qui a 130 toises de pente, depuis le fleuve du Rhin à Offendorff jusqu'à la Seine, à Paris, laquelle communiqueroit à Strasbourg par un Canal artificiel de 4 lieues, depuis Weyersheim sur la Zorn jusqu'à Strasbourg sur le Rhin, où il y auroit un port, ainsi que 34 autres ports d'embarquement et de débarquement des Marchandises, dans tout le cours de cette navigation naturelle ; savoir : à Offendorff, sur le fleuve du Rhin, à Brumpt, à Hochfelden et à Saverne, sur la rivière de Zorn, à Homertt, sur un ruisseau, à haut clocher sur le Stack, à Guermange, sur l'étang de l'Indre, à Dieuze, à Vic et à Petoncourt sur la rivière de Seille, à Clevand sur la Meurthe, à Toul sur la Moselle, à Troussey sur la Meuse, à Broussey sur un ruisseau, à Ligny, à Bar-le-Duc, à Revigny, et à Estrepy sur l'Ornain, à Couvrot, à Poigny, à Châlons, à Aulnoy, à Epernay, à Reuil, à Dormans, à Château-Thierry, à Citry, à la Ferté-sous-Jouare, à Meaux, à Lagny, et à Neuilly sur la Marne, à Charenton et enfin à Paris sur la Seine dans les emplacemens de la Bastille, de la Visitation, de l'Arsenal, des Célestins, et dans les Chantiers et Marais de la rue de la Contrescarpe.

Il y auroit encore 4 digues d'inondation à volonté, en cas d'invasion des ennemis, savoir : à Lutzelbourg sur la rivière de Zorn, à Guermange sur l'étang de l'Indre, à Champenoux sur un intervalle, à Foug sur l'Ingreshin.

Il y auroit de plus 4 digues de réversion pour la rentrée des Eaux dans le lit de la Navigation, savoir : à Guarbourg sur la rivière de Zorn, à Moyenvic sur la rivière de Seille, à Dommartin sur la Mezulle, et à Fontenoy sur la Moselle.

Il y auroit encore 37 écluses, dont 7 principales pour le barrage des rivières transversales, savoir : près d'Hasselbourg sur la rivière de Zorn, près de Walscheide sur la rivière de Bièvre, près de Nutting sur la rivière de Rougeau, au-dessus de Gosselming sur la rivière de la Sarre, au-dessus de Brin sur la rivière de Seille, au-dessus de Gustine sur la Moselle, et au-dessus de Sorey sur la Meuse, et les 30 autres écluses dans le cours de la navigation, laquelle faciliteroit pour le commerce et l'industrie, l'établissement d'une immensité d'ateliers, de fabriques, de manufactures, de moulins et d'usines de toutes espèces, qui, par le moyen de déversoirs de la navigation, seroient alimentés de la quantité d'eau dont ils auroient besoin, et préviendroient en même tems les fréquentes inondations que la surabondance desdites eaux pourroit occasionner.

Il y auroit encore 2 grands réservoirs ou dépôts d'eau qui contiendroient chacun 100 millions de muids d'eau provenant des sources et ramifications des rivières de

Zorn, de Bièvre, de Rougeau et de Sarre, l'un près d'Homertt ; et l'autre près de Hesse, pour fournir à toutes les écluses depuis le fleuve du Rhin jusqu'à la rivière de Sarre.

Il y auroit encore 3 canaux d'irrigations pour le desséchement de tous les étangs et marais fangeux qui sont au nombre de cent mille arpens dans le département de la Meurthe, l'un formé par les ruisseaux et étangs, depuis Pont-à-Mousson sur la Moselle jusqu'à Bouquenon sur la Sarre ; l'autre, formé par les étangs de Gondrexange, de Richecourt et de Lagarde, ainsi que par les rivières de Sanon et de Meurthe, depuis Pixerecourt jusqu'à Sarrebourg, et le troisième formé par les rivières de Meurthe, de Vezouze et d'Herbas, depuis Rosière sur la Meurthe jusqu'à Niderhoff sur la Sarre ; lesquels canaux d'irrigation augmenteroient encore considérablement cette navigation, dont tous les travaux immenses pour la confection d'icelle seroient tous terminés en six années, sans qu'il en coûtât rien autre chose au Gouvernement que des concessions qui, bien loin de lui être d'aucun produit, lui sont même très-préjudiciables, lorsqu'il retireroit au contraire un revenu très-considérable de cette grande navigation, qui, par la jonction du Danube au Rhin, dont on s'occupe actuellement dans l'Empire, se prolongeroit bien avant dans l'Asie et même beaucoup au-delà, et établiroit des relations commerciales infiniment avantageuses et très-étendues, en communiquant avec presque toutes les mers, par l'intérieur des terres, sans aucunes craintes pour le commerce, dans le cas de guerre avec l'Angleterre.

DESCRIPTION exacte et géographique de la Navigation naturelle et commerciale du RHIN à la SEINE jusqu'au Havre, et de sa communication avec presque toutes les Mers du Monde, par la jonction du RHIN au DANUBE.

DE la Manche ou Océan Britannique, l'on entre dans la Seine à son embouchure au Hâvre, l'on remonte son cours par Rouen et Paris jusqu'à Charenton, où l'on prend la Marne que l'on continue jusqu'à Coûvrot, où l'on prend l'Ornain, que l'on joint à la Meuse par la Barboulure et la Mcholle qui n'ont que 1500 toises d'intervalle ; l'on réunit ensuite la Meuse à la Moselle par un ruisseau et l'Ingreshin, qui n'ont que 500 toises d'intervalle jusqu'à Toul sur la Moselle, que l'on continue jusqu'à Bouxières sur la Meurthe, que l'on joint à la Seille par la Mezulle et la Mazerulle, qui n'ont que 1000 toises d'intervalle ; l'on joint ensuite l'étang de l'Indre à l'étang de Stock par 1000 toises d'intervalle ; l'on va ensuite de l'étang de Stock par le Stack à la Sarre et à la Bièvre, que l'on joint par un intervalle de 500 toises à la Zorn, que l'on continue depuis Neumuhl jusqu'à Offendorff sur le fleuve du Rhin, qui descend à la mer d'Allemagne ou grand Océan jusqu'à Leyde.

En remontant le fleuve du Rhin, l'on prend, au-dessus d'Arnhem, l'Yssel qui se jette dans le lac de Zuiderzée ; si l'on continue le Rhin jusqu'à Rheinberg, l'on joint la Meuse par Gueldre et Venlo ; en continuant toujours le Rhin jusqu'à Coblentz, l'on tombe dans la Moselle ; remontant le fleuve, jusqu'à Mayence, l'on prend sur l'autre rive le Mein, qui passe à Francfort, Vilzbourg et Werthenn, sur la rivière de Tauber, que l'on continue jusqu'à sa source à Rotenburg, où il y a un intervalle de 2 lieues à ouvrir jusqu'à la rivière d'Altmaht ; que l'on continue jusqu'à Kelheim et à Ratisbonne sur le

Danube ; si l'on remonte le Rhin jusqu'à Manheim, l'on prend la rivière de Neckre, qui passe à Heidelberg et continue jusqu'à Wimpfen, où l'on prend la rivière de Kockem jusqu'à sa source à Alen, où il y a un intervalle d'une lieue à ouvrir pour joindre une petite rivière qui passe à Notingen et tombe dans le Danube à Donavert ; l'on peut encore par le Neckre, joindre le Danube à Ulm, par un autre intervalle de trois lieues à ouvrir près de Ulm, et en remontant le Rhin jusqu'à Offendorff, l'on arrive au point de jonction de la navigation naturelle et commerciale du Rhin à Paris. Revenant au fleuve du Rhin, et le remontant jusqu'à Strasbourg, l'on prend au fort de Khell la rivière de Kintzig, qui conduit à un intervalle de deux milles d'Allemagne à ouvrir entre deux montagnes de la Forêt Noire, depuis Homberg jusqu'à Rothweil, et ensuite à un pareil intervalle dans une plaine jusqu'à Simaringen sur le Danube, qui est à rendre navigable jusqu'à Ulm, continuant le cours du Danube par Donavert, Ingolstadt, Ratisbonne, Passau et Lintz, par une intervalle de 5 lieues à ouvrir entre le Danube et la rivière de Muldaw qui se joint à l'Elbe, l'on passe par Prague et Hambourg, et l'on tombe dans la mer du Nord, continuant encore le cours du Danube entre Vienne et Presbourg, l'on prend sur la gauche la rivière de Morawa que l'on suit, passant à Olmultz, jusqu'à une intervalle de 4 lieues à ouvrir pour joindre l'Oder qui tombe dans la mer Baltique et le golphe de Bothenie : là on prend à Vlaborg le lac Carembourg qui conduit à la rivière de Kem, qui tombe dans la mer Blanche et la mer Glaciale, revenant au Danube, et prenant sur la droite de Presbourg, l'on prend une rivière qui conduit à un intervalle de 10 lieues à ouvrir, lequel est traversé par les rivières de Drave et de Save, pour gagner la mer Adriatique ou golphe de Venise, qui communique à la Méditérannée ; reprenant le cours du Danube, par Belgrade, Semendrie, Orsowa, Nicopoli, Russick, Askioi, Horsowa, Brailof, Ismail, jusqu'à Kilia, l'on arrive à la mer Noire, d'où l'on va sur la droite à Constantinople et dans la mer de Marmora, de-là dans l'Archipel et encore dans la Méditérannée, et en prenant sur la gauche de la mer Noire, l'on passe par la Crimée dans la mer de Zabach, où l'on prend la rivière de Don jusqu'à Donskaia, où est le retranchement des Tartares, qui a huit lieues de canal à ouvrir jusqu'à Carycin sur le Volga, qui conduit à la mer Caspienne, et en remontant le Volga, l'on atteint la rivière de Vetluga, que l'on continue jusqu'à un intervalle de deux lieues à ouvrir pour joindre la rivière de Jug, qui tombe dans la Dvina, qui conduit à Archangel sur la mer Blanche, communiquant à la mer Glaciale, le canal du Nord, la mer de Kamtchatka, la mer de Corée, la mer de Chine, la grande mer du Sud, les isles Philippines, de Moluques et de la Sonde, l'Océan oriental, ou mer des Indes, d'où l'on va dans le golphe Persique par le détroit d'Ormus, et dans la mer Rouge par le détroit de Babelmandel.

Je soussigné certifie tout ce que dessus et des autres parts, de la plus exacte vérité, et facile à vérifier sur les Cartes de tous les savans Géographes.

Signé, Marcel PRAULT-SAINT-GERMAIN, *Ingénieur Hydraulique et Géographe, Rue Carême-Prenant, No. 21, Fauxbourg du Temple, qui prévient que l'on pourra voir tous les jours, gratuitement, chez lui, depuis sept heures du matin jusqu'à deux heures après-midi, les nouveaux Plans de ce Projet bien développé, dont il donnera aussi, gratuitement, les détails imprimés à ceux qui l'honoreront de leurs visites.*

NOUVELLE CONSTRUCTION

DE PONTS-LEVIS OU A BASCULE,

PROPRE A LA NAVIGATION DU RHIN A LA SEINE,

ET A TOUTE AUTRE,

PAR M. de BILISTEIN.

Jusqu'a présent on n'a connu et pratiqué pour les ponts, que la forme d'arcade cintrée et voûtée, qui est la plus belle, la plus coûteuse, et peut-être la moins durable, lorsqu'il est possible de donner une autre forme, deux tiers moins dispendieuse, avec plus de commodité et de sûreté.

Pour la pratiquer, particulièrement sur les écluses, canaux, jonctions, et sur tout le cours de la navigation du Rhin à la Seine, il faut construire deux murs élevés perpendiculairement, avec des *rédans* en dos d'âne, à la hauteur nécessaire, le tout en rapport des eaux ordinaires ou accidentelles. On les couvre par un pont-levis ou à bascule, dont le pied est en bons madriers ou blindes de bois de chêne, recouverts de planches de 16 à 20 lignes d'épaisseur. Par ce moyen, on donne aux murs telle distance que l'on veut, et au lieu de trois ou quatre grandes arcades voûtées, on n'aurait plus que trois murs à élever, qui donnent deux espaces à construire, deux ponts solides ou à levis.

Ces derniers se forment par deux poutres ou pouterelles assises dans la solidité d'un des murs, proportionnées à la largeur de l'espace; une solive de la même largeur les joint à leur partie supérieure; deux balanciers posés par le milieu au sommet de ces poutres, glissant dans une fourche de fer, attachés par une cheville également de fer, traversant les deux branches, libres dans les trous pour laisser le mouvement, répondent à chaque face du pont par deux grosses chaînes de fer. Deux à quatre chaînes ou perches de bois, suivant les longueurs, servent de ce qu'on appelle dans les ponts fixes, de parapets ou garde-foux, et suivent les ponts lorsqu'on les lève pour donner passage aux vaisseaux et bateaux, sans baisser les mâts et les voiles.

Un homme seul, deux au plus pour les plus lourds, les lèvent par une chaine pendante à un des balanciers; il l'attache à un crampon fixe, tenir toute la machine suspendue autant qu'on le veut.

On en voit d'assez semblables à presque toutes les portes des villes de guerre, à la différence qu'ils sont trop masses pour la destination nécessaire.

Cette nouvelle sorte de pont serait d'un grand avantage dans les débordemens trop fréquens d'une navigation voisine des montagnes; ces ponts n'ayant que trois à quatre pouces d'épaisseur, n'empêcherait pas l'eau de couler par dessus; ils la couperaient et se trouveraient entre deux eaux sans danger, ou bien on les lèverait; alors, les eaux ne trouvant plus d'obstacles, couleraient naturellement sans s'étendre comme elles font lorsqu'elles sont contraintes par des arcades, par des voûtes et par des parapets, qui forcent l'eau de refluer sur elle-même ou de s'étendre jusqu'à ce qu'elle ait la force de faire brèche ou de les emporter totalement; si les arches du milieu résistent, elle attaque les collatérales, toujours plus faibles, elle les ouvre ou elle se répand dans les campagnes, détruit les héritages et enlève tout ce qu'elle rencontre. Si son cours avait été libre, elle l'aurait suivi rapidement sans faire du dégât, car la grandeur du volume des eaux n'en fait pas la grosseur ni le danger, elle en aurait seulement le cours et la rapidité, sans que le lit augmente considérablement en largeur et en profondeur; la vitesse de l'eau reçoit un nouveau dégré; elle gagne en rapidité tout ce qu'elle acquiert en valeur. Telle est la théorie hydraulique qui sert de règle-pratique; ainsi voyons-nous l'Inn, aussi fort que le Danube, s'emboucher dans ce fleuve à Passaw, sans que le Danube en paraisse sensiblement enflé.

Il en est de même de la Moselle dans le Rhin à Coblentz, ainsi que de la Meurthe dans la Moselle, et de la Marne dans la Seine, à Conflans.

Si la rivière, bassin ou canal, est trop large pour un seul pont de cette sorte, on en établi deux au moyen de trois murs. Si l'on veut faire les deux ponts à levis ou bascule, on a la même facilité; si l'on n'en veut qu'un à levis, on travaille le surplus en blinde ou planches-fixes; si l'on ne veut laisser qu'une ouverture de quelques pieds, on en est maître.

De sorte qu'un pont qui, dans la construction ordinaire, demande huit à neuf arcades élevées avec le plus grand travail et la plus grande dépense, serait restreint dans cette nouvelle construction, à quatre ou cinq arcades, et à une dépense moindre de deux tiers. Ce qui est un objet de la plus grande considération.

9 782016 140604